Sylvia Lorenz

Landwirtschaft in Vietnam

GRIN Verlag

Bibliografische Information der Deutschen Nationalbibliothek:

Die Deutsche Bibliothek verzeichnet diese Publikation in der Deutschen National-
bibliografie; detaillierte bibliografische Daten sind im Internet über http://dnb.d-
nb.de/ abrufbar.

Impressum:

Copyright © 2010 GRIN Verlag, Open Publishing GmbH
Druck und Bindung: Books on Demand GmbH, Norderstedt Germany
ISBN: 978-3-640-92109-6

Dieses Buch bei GRIN:

http://www.grin.com/de/e-book/172248/landwirtschaft-in-vietnam

Ernst-Moritz-Arndt-Universität Greifswald

Mathematisch-Naturwissenschaftliche Fakultät

Institut für Geographie und Geologie

Vietnamexkursion

SS09

Landwirtschaft in Vietnam

vorgelegt von: Sylvia Lorenz

Greifswald, den 26. Januar 2010

| **Gliederung** | **Seite** |

1 Einleitung — 1

2 Geschichte der Landwirtschaft in Vietnam — 2

2.1 Entwicklungen in der Landwirtschaft — 2

2.2 Kollektivierung und Landreform — 2

2.2.1 Die Umstrukturierung des Agrarsektors in Nord- und Südvietnam — 2

2.2.2 Reformen im landwirtschaftlichen Sektor — 3

2.2.3 Das Bodengesetz — 4

2.3 heutige Situation — 4

3 Bodennutzungssysteme — 6

3.1 Ackerbau — 6

3.1.1 Wanderfeldbau — 6

3.1.2 permanenter Trocken- und Regenfeldbau — 8

3.1.3 Nassreissystem — 8

3.1.4 Dauerkultursystem — 9

3.1.5 Bewässerungswirtschaft — 9

3.2 Viehhaltung — 11

4 Bodennutzungssysteme zum Erosionsschutz — 13

4.1 Fruchtwechsel — 13

4.2 Mischanbau — 14

4.3 Agroforstwirtschaft — 14

4.4 Mulchen — 15

5 Anbauprodukte — 15

5.1 Reisanbau — 16

5.2 Kaffeeanbau — 17

5.3 Pfeffer — 17

5.4 Cashew — 17

5.5 Kautschuk — 18

5.6 Maniok — 18

5.7 Tee — 19

5.8 Zuckerrohr — 19

5.9 Obst- und Gemüse — 20

5.10 Tierproduktion — 20

6 Fazit — 21

7 Literaturverzeichnis — 22

1 Einleitung

Der gezielte Anbau von Pflanzen begann wahrscheinlich vor rund 12.000 Jahren. Entscheidende Faktoren dafür war die Veränderung des Klimas durch das Ende der letzten Eiszeit, das Bevölkerungswachstum und die anfängliche Sesshaftigkeit. Die Landwirtschaft eines Landes spielt über die Sicherung der Ernährung und die Produktion von nachwachsenden Rohstoffen hinaus die eine bedeutende Rolle für die Erhaltung und Entwicklung der Kulturlandschaft.

Wer schon einmal das Land Vietnam im südostasiatischen Raum bereist hat, der wird sich an eine ganz bestimmte Farbe erinnern. Es ist das leuchtende Grün, welches sich über das ganze Land zieht und die Menschen ernährt. Vietnam ist ein Land der Reisfelder. Das tropische Klima im Süden und das Monsunklima mit heißen, regnerischen und warmen, trockenen Perioden im Norden sind in Kombination mit den geomorphologischen und pedologischen Beschaffenheiten ein wichtiger Faktor für eine ausgeprägte Landwirtschaft (www.cia.gov). Von großer Bedeutung für die Landwirtschaft sind die Tiefländer im Norden und Süden des Landes. Das Mekong-Delta im Süden und das Delta des Roten Flusses im Norden bilden die Reiskammern des Landes.

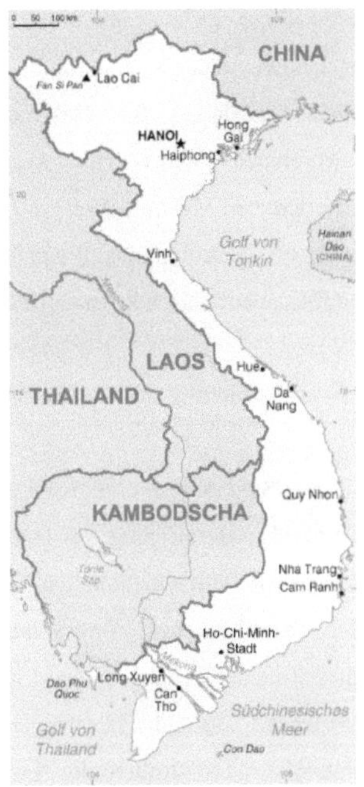

Abb. 1 Vietnam (www.cia.gov)

Im Rahmen der folgenden Arbeit wird die Landwirtschaft Vietnams beschrieben. Es wird sowohl auf die geschichtliche Entwicklung als auch auf die Bodennutzungssysteme Vietnams eingegangen. Ferner werden Erosionsmaßnahmen und die wirtschaftliche Stellung der einzelnen Anbauprodukte dargestellt.

2 Geschichte der Landwirtschaft in Vietnam

2.1 Entwicklungen in der Landwirtschaft

In Vietnam war im Zeitraum der kommunistischen Machtübernahme der kleinbäuerliche Familienbesitz kennzeichnend für das Land. So waren ca. 98% der Bauern in der Region des Roten- Fluss- Deltas Eigentümer ihrer meist kleinen Grundstücke. Davon waren jedoch 60% der landwirtschaftlichen Nutzfläche Privateigentum, 40% galten als „öffentliche Felder", welche von der Dorfgemeinschaft eingenommen wurden und von den einzelnen Familien gleichermaßen bewirtschaftet werden durfte. Demgegenüber besaßen im länger kapitalistisch ausgerichteten Mekong- Delta die Großgrundbesitzer große Länderein. Im südlichen Bergland waren es die kolonialen Plantagengesellschaften, welche eine enorme landwirtschaftliche Nutzfläche aufweisen konnten (VORLAUFER 2009, S. 127).

2.2 Kollektivierung und Landreform

Mit dem Sieg der Kommunisten in Nordvietnam 1954 und in Südvietnam 1975 erfolgte eine vollständige Beseitigung des landwirtschaftlichen Privatlandes. Betriebe der in den Städten lebenden und auch nicht selten chinesischen Großgrundbesitzer wurden zu Genossenschafts- oder Staatsbetrieben umgewandelt. Das betraf vor allem die großen Betriebe im Nassreisanbau im Mekong- und im Roten- Fluss- Delta. In Südvietnam wurden die Flächen vorwiegend ausländischer Eigner, die zumeist für Kautschukplantagen genutzt wurden, verstaatlicht. Ein Großteil der Agrarflächen wurde seit dem Reformkurs im Jahre 1986 wieder den Bauern in Erbpacht überlassen bzw. privatisiert (VORLAUFER 2009, S. 127).

2.2.1 Die Umstrukturierung des Agrarsektors in Nord- und Südvietnam

Nordvietnam vollzog nach seiner Entstehung im Jahre 1954 eine Wirtschaftsentwicklung im Rahmen der sowjetischen Planwirtschaft. Charakterisiert wird diese Entwicklung durch eine rasante Industrialisierung durch die Staatsbetriebe und durch die Kollektivierung der Landwirtschaft (DO 2004, S. 25). So kam es in Nordvietnam 1953/54 zu einer Bodenumverteilung. Dabei bekamen Landlose (Teil der Bevölkerung ohne landwirtschaftliche Nutzfläche) und Städter, wenn auch zum Teil ungewollt, Kleinstparzellen aus dem Besitztum der ehemaligen Großgrundbesitzer. Bei dieser Enteignung wurden etwa

50000 bis 100000 Großgrundbesitzer hingerichtet. Ab 1958 setzte Nordvietnam die Zwangskollektivierung der Bauern vollständig durch. Dabei wurden die Bauern zu Produktionsgenossenschaften zusammengeschlossen. So waren 80% der landwirtschaftlichen Nutzfläche und 90% der bäuerlichen Haushalte in Nordvietnam genossenschaftlich erfasst (VORLAUFER 2009, S. 127). Zudem war die Zeit durch eine zentrale Planung und Führung der Wirtschaft gekennzeichnet. Jegliches landwirtschaftliches Produktionsvolumen musste sich nach geregelten Zielvorgaben richten. Dabei erfolgte auch die Zuweisung der Ressourcen zentral. Demnach wurden von den Haushalten nur fünf Prozent Agrarfläche zum Eigenbedarfsanbau benutzt. Die Produktion für den Markt wurde diesen Haushalten verboten (DO 2004, S. 25).

In Südvietnam konnte die Kollektivierung, so wie sie sich in Nordvietnam vollzog, durch die Doi- Moi- Politik von 1986, welche kurz nach der kommunistischen Machtübernahme einsetzte, nicht erreicht werden. Die Dörfer bildeten eine Art Produktionsgemeinschaft. Durch die Kollektivierung wurden große staatlich- genossenschaftliche Einkaufs- und Verkaufsorganisationen gebildet. Den Markt mit seinen Funktionen und auch Anreize zur Produktionserhöhung gab es nicht. Hauptaufgabe war es den Eigenbedarf der Genossenschaftsmitglieder zu decken, nicht aber den der Stadtbevölkerung (VORLAUFER 2009, S. 127).

2.2.2 Reformen im landwirtschaftlichen Sektor

Die erste Reform in der Landwirtschaft von 1979 war durch die Einführung von Produktionsverträgen bzw. die Einführung eines Kontraktsystems in einer Kooperative gekennzeichnet. Den Haushalten war es dadurch erlaubt die auf ihrer eigenen Agrarfläche produzierten Güter am Markt zu verkaufen. Allerdings geschah dies unter der Voraussetzung, dass die Abgabepflicht an die Kooperative erfüllt wurde. Demnach konnten nur Überschüsse verkauft werden. Zum gleichen Zeitpunkt wurden die Landwirtschaftssteuern über fünf Jahre herunter gesetzt. Daneben gab es einen drastischen Anstieg der staatlichen Aufkaufpreise um 400-600%. Die Monopolstellung der Kooperativen blieb dabei unverändert (DO 2004, S. 25). Durch das Einsetzen des Reformkurses von 1986 und Reformbeschlüssen im Jahre 1993 folgte eine enorme Umorientierung. Im Blickfeld der Politik standen nun nicht mehr die Veränderung der Eigentums- und Produktionsverhältnisse, sondern die Verbesserung von Produktivkräften und eine Produktionssteigerung der Landwirtschaft mithilfe technischorganisierten Vorraussetzungen (VORLAUFER 2009, S. 127). Die zweite Reform im April 1988 war demnach durch die Dekollektivierung landwirtschaftlicher Nutzfläche gekennzeichnet, wobei mittels langfristiger Verfügungsrechte das Land an private Haushalte zurückgegeben wurde. Durch eine Preisliberalisierung und durch den Wegfall der Subventionierung landwirtschaftlicher Produktionsmittel war es den Haushalten möglich nach ökonomischen Richtlinien zu wirtschaften (DO 2004, S. 25).

2.2.3 Das Bodengesetz

Seit der Überarbeitung des Bodenreformgesetzes im Jahre 1993 ist es den Bauern möglich, Nutzungsrechte für verschiedene Landkategorien zu erwerben. Diese Nutzungsrechte dürfen übertragen, vererbt und verpachtet werden (VORLAUFER 2009, S. 128). Der private Landbesitz ist allerdings untersagt, wodurch Vietnams Fläche Staatseigentum ist. Die Nutzungsrechte werden von einem Volkskomitee vergeben. Bei landwirtschaftlichen Nutzflächen mit einjährigen Kulturen spricht man dabei von einer Dauer von 15-20 Jahre, bei Dauerkulturen und forstwirtschaftlich genutzten Flächen sind es 30- 50 Jahre. Je größer die Fähigkeiten und Möglichkeiten des Betriebsleiters die Agrarfläche zu bewirtschaften sind, desto größer wird die ihm zugeordnete landwirtschaftliche Nutzfläche sein (DO 2004, S. 26). Allerdings hat die vollständige Durchsetzung dieses Bodengesetzes bis zum heutigen Tage noch nicht statt gefunden.

2.3 heutige Situation

Momentan spricht man in der Theorie von einer vollständigen Privatisierung der Landwirtschaft (gemäß des Bodenreformgesetztes von 1993). Die ehemals dominierende Subsistenzwirtschaft gab der Kommerzialisierung den Weg frei. Dementsprechend entstand in wenigen Jahren aus dem Reisimportland das zweitgrößte Reisexportland der Welt. Auch im Anbau von (Robusta-) Kaffe wird es einzig und allein von Brasilien geschlagen. Durch die Kommerzialisierung der Produktion verstärkten sich der Prozess der Landkonzentration sowie die soziale Differenzierung der Landbevölkerung. Die Anzahl der Haushalte, welche keine landwirtschaftlich nutzbare Fläche besaß, nahm rapide zu. Diese stieg allein zwischen 1994 und 1998 von 12250 (0,7% der Bevölkerung) auf über eine Million (6% der Bevölkerung). Im Jahre 2007 waren im staatlichen Agrar- und Forstsektor weniger als 1% der dort Arbeitenden tätig. Das entspricht einer Beschäftigtenzahl von 197.700 Personen. Der Staat ist dabei oftmals nur noch bei der Bewirtschaftung von großen Plantagen tätig. Die geringen Betriebsgrößen und die gewaltige Besitzzersplitterung gehören zu den zentralen Problemen der Landwirtschaft in Vietnam. So beträgt die durchschnittliche Betriebsgröße im Mekong-Delta gerade mal 1,2 ha. Nur wenige Haushalte haben eine Betriebsfläche von 3- 4 ha. Im Delta des Roten Flusses ist die durchschnittliche Betriebsfläche noch niedriger. Die Betriebsgröße an sich variiert durch die gleichmäßige Landverteilung kaum. Aus diesem Grund werden oft nur 8 bis 9 Parzellen mit einer Größe von jeweils 200m² von einem Haushalt bewirtschaftet. In den Bergregionen ist die Flurzersplitterung sogar noch größer, weil die Bodenqualität der einzelnen Flächen stark variiert. Im Jahre 2000 gab es in Vietnam ungefähr 75 Mio. Parzellen für ca. 11 Mio. Agrarhaushalte. Diese besaßen entsprechend durchschnittlich 8- 10 Parzellen. Dabei waren 10% der Parzellen kleiner als 100m², was auch die Mechanisierung der Landwirtschaft erheblich erschwert hat. Nichtsdestotrotz stieg die Anzahl der Traktoren von 37.627 (1992) auf 163.000 (2002). Dies geschah unter anderem auch durch die Flurbereinigung nach 1999. Die einzelnen Parzellen wurden so zu größeren Arealen zusammengelegt. So konnte bis zum Jahre 2000 die Besitzzersplitterung in einigen Regionen um 20% reduziert werden (VORLAUFER 2009, S. 127- 128). Heute vollzieht sich ein enormer Wandel in der Agrarwirtschaft Vietnams. Durch den rapiden Wachstum der Bevölkerung und den dadurch resultierenden Nahrungsmittelbedarf seit den 60/70er Jahren weiten sich nicht nur Siedlungsflächen und die Verkehrsinfrastruktur aus, sondern auch die Agrarflächen. Im Zusammenhang mit der Industrialisierung resultiert ein drastischer Wandel, welcher den Weg für eine weitläufige Expansion der Kulturlandschaft bereitet. Dies geschieht auf Kosten der natürlichen Vegetation. So kam es z.B. durch den Kaffee- und Pfefferboom zu großflächigen Entwaldungen im Zentralen Hochland Vietnams. Nicht nur der Verlust und die Erschließung neuer Agrarflächen sind prägende Besonderheiten des kulturlandschaftlichen und gesellschaftlichen Wandels, sondern auch die Veränderung in der Art der Nutzung der Agrarflächen, welche durch eine rapide Ausweitung der binnen- und weltmarktorientierten Erzeugnisse gekennzeichnet ist (VORLAUFER 2009, S. 117).

3 Bodennutzungssysteme

3.1 Ackerbau

Für Vietnam speziell gibt es zwei große Bodennutzungssysteme. Zum einen den Trocken- bzw. Regenfeldbau, zum anderen die Bewässerungswirtschaft. Diese Systeme stellen sich wie folgt dar:

3.1.1 Wanderfeldbau

Der Begriff „Wanderfeldbau" wird in der Literatur unterschiedlich definiert. So werden Bezeichnungen wie Landwechselwirtschaft, shifting cultivation, slash-and-burn agriculture und swidden agriculture (Schwendbau) synonym verwendet. Der Wanderfeldbau wird charakterisiert durch einen nahezu regelmäßigen Umtrieb des Anbaus. Das bedeutet, dass nach einer zeitlich begrenzten Feldnutzung die Bodenfruchtbarkeit zurückgeht und daher eine mehrjährige Brache eingelegt werden muss. Oft tritt der Wanderfeldbau in Kombination mit der Brandrodung auf (VORLAUFER 2009, S. 121).

Der Wanderfeldbau ist ein traditionelles Bodennutzungssystem, welches heute oft nur noch in den Peripherieräumen Vietnams Anwendung findet. In den Hügel- und Gebirgsregionen Vietnams sind über fünf Mio. Menschen aus 54 ethnischen Gruppen am Brandrodungsfeldbau beteiligt. Die Landwirte holzen üblicherweise die Wälder des Hochlandes ab und legen dann die Parzellen durch Brandrodung frei (vgl. Abb. 2 und Abb. 3) (DO 2004, S. 7). Allerdings sind z.B. die Böden der Bergregionen schon nach zwei bis drei Jahren Anbau erschöpft. Demnach muss ein Landwechsel vorgenommen werden, was oftmals die Rodung neuer Flächen voraussetzt (Brandrodung). Das ehemals bewirtschaftete Stück Land erreicht seine Fruchtbarkeit erst wieder nach 15-30 Jahren und ist bis dahin mit Sekundärwald ausgestattet. Demnach wird dann nur der in den Jahren gewachsene Sekundärwald gerodet. Diese Bodennutzungsform hat zudem den Vorteil, dass der Sekundärwald leichter zu roden ist als ein Primärwald (VORLAUFER 2009, S. 129- 130).

Abb. 2 Brandrodung zur Vorbereitung eines Feldes (www.klett.de)

Abb. 3 Anbau von Maniok nach "slash and burn" in der Provinz Binh Phuoc
(www.outdoors.webshots.com)

Jedoch ist diese Art des Anbaus sehr flächenintensiv und gestattet nur eine geringe Bevölkerungsdichte. Der Mangel an Pflanzennährstoffen ist enorm und kann kurzzeitig nur durch Brandrodungen vermindert werden. Werden die Brachezeiten verkürzt und wird nicht angepasster großflächiger und dauerhafter Regenfeldbau betrieben, kann sich der Boden nicht mehr ausreichend erholen und es ist mit irreversiblen Folgen wie Bodenerosion zu rechnen. Während von den ethnischen Gruppen bisher nur auf kleinen Flächen Wanderfeldbau betrieben wurde, finden seit einigen Jahren durch die kommerzielle Landwirtschaft großflächigere Rodungen statt. Demnach wurde immer mehr Primärwald erschlossen, was die Vernichtung großer Waldflächen in Vietnam zur Folge hatte (vgl. Abb. 4). Der Wanderfeldbau stellt sowohl die Hauptkomponente für Abholzung als auch für die Bodendegradierung dar. Zur heutigen Zeit werden Projekte der Aufforstung und Maßnahmen zur Degradierung in Angriff genommen (DO 2004, S. 8).

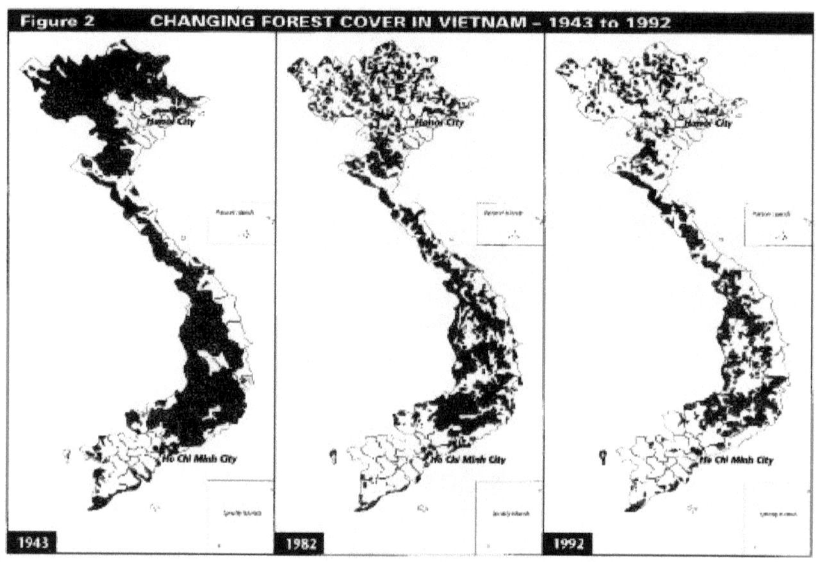

Abb. 4 Waldverlust zwischen 1943-1992 (www.mwkonginfo.org)

3.1.2 permanenter Trocken- und Regenfeldbau

Im permanenten Trockenfeldbau bzw. im Regenfeldbau (vgl. Abb. 5) überschreiten die Anbaujahre die Brachejahre bzw. herrscht permanenter Anbau vor. Die Trockenfeldkulturen (z.B. Mais, Hirse, Gemüse, Trockenreis und Cassava) dienen zunächst der Eigenbedarfsdeckung (VORLAUFER 2009, S. 121).

Abb. 5 Regenfeldbau (www.jircas.affrc.go.jp)

3.1.3 Nassreissystem

Im Nassreissystem dominiert der Anbau von Reis mit Bewässerungssystemen (vgl. Abb. 6). Dies geschieht bezüglich der ökologischen Bedingungen und Marktmöglichkeiten fast immer in Kombination mit Trockenfeld- und Dauerkulturen. Demzufolge erwirtschaften Reisbauern auch Obst und Gemüse für den Eigenbedarf. Tee, Kaffee, Gewürze (Pfeffer, Nelken, Muskat), Cashew- und Kokosnüsse, Kautschuk sowie Bananen werden für den wirtschaftlichen Handel angebaut. Ein weiterer Betriebszweig sind in einigen Regionen auch die Aquakulturen (VORLAUFER 2009, S. 121).

Abb.6 Anbau von Nassreis (www.20min.ch)

3.1.4 Dauerkultursystem

Das Dauerkultursystem wird gekennzeichnet durch marktorientierte perennierende Pflanzen. Dabei stehen Baum- und Strauchkulturen wie Kautschuk, Kaffee, Öl- und Kokosnusspalmen, Zimt, Tee, Muskat- und Cashewnüsse und Gewürznelken im Vordergrund. Dauerkultursysteme sind somit ein wichtiger Betriebszweig. Demgegenüber werden die Kulturen anderer Systeme oft nur für den Eigenbedarf angebaut (VORLAUFER 2009, S. 121).

3.1.5 Bewässerungswirtschaft

Die Bewässerungswirtschaft wird in Vietnam seit vielen Jahrhundert Jahren betrieben. Heute zeigt sie sich als zentrale Komponente der Agrarwirtschaft. Dabei wird neben anderen Kulturen vor allem ein hoher Anteil an Reis angebaut. Der Anteil des Bewässerungslandes an der landwirtschaftlichen Nutzfläche ist in Vietnam im Vergleich zu anderen südostasiatischen Ländern groß. Im Jahre 2002 hatte das Bewässerungsland einen Anteil an der landwirtschaftlichen Nutzfläche von 33%. Bei der Bewässerung können folgende Arten unterschieden werden:

Die älteste und einfachste Art ist, dass die Bauern das Regenwasser durch einfache Wälle an den Grenzen ihrer Felder zurückhalten (vgl. Abb. 7). Bei einer anderen Methode kann an den Berghängen das Regenwasser und das Wasser der Bäche und Flüsse über kleine Kanäle und Leitungen transportiert werden. Das Wasser wird dann auf die am höchsten gelegenen Felder geleitet, die durch kleine Wälle begrenzt werden. Die darunter liegenden Parzellen erhalten dann das weiter geleitete Wasser.

Abb.7 einfache Bewässerung der Felder (www.sozmod.ch)

Eine weitere Form ergibt sich bei der Betrachtung der natürlichen Mulden. Hierbei wird das Regenwasser durch Wasserleitungen oder kleine Kanäle auf das Feld geführt. Früher geschah dies durch Schöpfräder, die entweder mit der Hand, mit Hilfe von Tieren oder durch Wind betrieben wurden. Heutzutage werden jedoch mehr und mehr Dieselpumpen verwendet. Weiterhin ist die Form der Anlegung von Stauteichen zu nennen. Hierbei werden Niederschlag und Fließgewässer in den Mulden und Tälern gestaut. Unterhalb des Stauwalls wird das Wasser auf die landwirtschaftlichen Flächen verteilt. Demgegenüber wird das Flusswasser von Wehren einige Meter hoch gestaut. Durch Kanäle gelangt das Wasser ebenfalls auf die Felder. Gerade im Einzugsgebiet des Roten Flusses wird die Wasserverteilung für den Nassreisanbau durch dieses Verfahren geregelt. Große Stauseen sind Ergebnisse weiträumiger Bewässerungsprojekte. Kennzeichnend dabei ist die Hierarchie der Haupt- und Nebenkanäle zur Be- und Entwässerung. Dabei kann gerade bei niedrigen Gefällen nicht auf große Pumpstationen verzichtet werden. Zudem haben die Stauseen auch die Funktion der Wasser- und Flutregulierung, Versorgung mit Trinkwasser und die Gewinnung von Hydroenergie. Ebenso gilt der Stausee als Erholungs- und Freizeitraum und als Raum für die Fischerei. Eine weitere Bewässerungsmöglichkeit wird durch die Entnahme von Grundwasser dargestellt. Dabei werden in den trockenen Regionen Brunnen aufgebaut, die der Bewässerung und der Versorgung mit Trinkwasser dienen sollen. Allerdings findet diese Form kaum Anwendung. In den küstennahen Regionen ist die Tidenbewässerung vorherrschend. Bei Hochwasser werden die ins Meer fließenden Gewässer zurück gestaut, wobei die landwirtschaftlichen Flächen mit Wasser überflutet werden können. Die verschiedenen Bewässerungssysteme sind heute vor allem durch die technologischen Entwicklungen in Vietnam leistungsfähiger. Seit ca. 1960 wurden große Bewässerungsprojekte in Angriff genommen (vgl. Abb. 8). Im Mekong wird dabei durch den Staudamm auch die Hydroenergie in den Vordergrund gestellt. Zudem wurden im Mekongdelta durch Meliorationsmaßnahmen und durch große Pumpstationen Agrarflächen erschlossen, die nun vor unregulierten Überflutungen geschützt sind (VORLAUFER 2009, S. 131- 132).

Abb. 8 Staudamm in der Provinz Son La (www.soil.co.uk)

3.2 Viehhaltung

Obwohl die Großviehhaltung in allen Bodennutzungssystemen vorkommt, gehört sie nicht zu den führenden Betriebszweigen. Es gibt nur sehr wenige Bauern, welche sich mehr als zwei oder drei Rinder halten. Da es keine gezielte Weidewirtschaft gibt, fehlen die klassischen Viehzucht- und Viehmastbetriebe. Wasserbüffel dienen so zum Beispiel nur als Arbeitstiere und/oder Dunglieferanten in Gebieten mit Nassreisanbau (vgl. Abb. 9). Heute werden die Wasserbüffel häufig durch Maschinen wie Traktoren ersetzt. Demnach fehlt die bäuerliche

Milch- und Fleischviehhaltung gänzlich bzw. ist sie nur sehr wenig präsent. In den letzen Jahrzehnten konnten sich durch das kapitalstarke Agribusiness Milchvieh-, Schweinemast- und Geflügelproduktionsbetriebe entwickeln.

Abb. 9 Reisanbau mithilfe eines Büffels
(www.de.academic.ru)

Diese Betriebe sind jedoch von der Futtermittelindustrie abhängig, da sie selber keinen Futtermittelanbau betreiben. Heute schließen viele Kleinbauern die Milchviehhaltung in die Pflanzenproduktion mit ein. Zum Teil erhalten die Betriebe mit der Herstellung von Milch das meiste Einkommen. Zusätzlich wird dieses Einkommen durch den Verkauf alter Kühe und männlicher Kälber bestimmt. Ferner können auch Haushalte ohne Land über die Stallhaltung von Milchkühen Gewinne erzielen. Vor allem bei den nicht muslimischen Völkern nimmt die Schweinehaltung eine besondere Stellung ein. So besitzen zum Beispiel viele Bauern im Roten- Fluss- Delta Schweine, die mit Ernteabfällen und Speiseresten gefüttert werden. Des Weiteren halten auch Bergvölker mit ihren Wanderfeldbausystemen Schweine, welche sich frei in den (eingehegten) Siedlungen fortbewegen können. Daneben ist ebenfalls die Hühnerhaltung für den Eigenbedarf in allen Systemen anwesend. Die meisten Kleinbauern halten sich nicht mehr als fünf Tiere. Zudem besitzen viele Nassreisbauer auch Enten, durch die sie mit Eiern und Fleisch versorgt werden (VORLAUFER 2009, S. 121- 122).

4 Bodennutzungssysteme zum Erosionsschutz

Vietnam zählt zu den Ländern, welche hohe Anteile an extrem und schwer erodierter Fläche aufweisen. Im Jahre 1995 nimmt der Ackerbau einen Anteil von 20% an der Gesamtfläche ein. Das entspricht einer Fläche von 6.600.000ha von insgesamt 32.549.000ha. Demgegenüber sind bereits 48, 9 % (15.300.000ha) der Gesamtfläche von der Degradierung betroffen. Dabei sind 19% des Bodens so stark durch Wassererosion geschädigt, dass ungefähr 1/5 der Fläche Vietnams nur noch durch technische Maßnahmen oder auch gar nicht mehr anbaufähig sind. In Anlehnung an den Erosionsschutz in Vietnam sollte eine standortgemäße Landwirtschaft im Vordergrund stehen. Wichtig dabei ist es den anthropogen bedingten Bodenabtrag zu verringern und den Erhalt der Bodenfruchtbarkeit zu gewährleisten. Dabei müssen auch technische Maßnahmen einbezogen werden (DO 2004, S. 25).

4.1 Fruchtwechsel

Wird die Fruchtfolge sinnvoll gestaltet, so kann einer Wassererosion entgegen gewirkt werden. Sie ist daher eine wichtige Erosionsschutzmaßnahme in der Landwirtschaft. Die Bodenschutzwirkung einer Fruchtfolge im Vergleich zur Monokultur erosionsfördernder Früchte wie z.B. Mais, Reis und Maniok steigt mit dem Bedeckungsgrad und seiner zeitlichen Ausdehnung sowie mit der Menge an Ernterückständen. Zusätzlich sind auch die Durchwurzelungsintensität/ -tiefe und die Pflanzendichte von großer Bedeutung. Geeignete Fruchtfolgen von Rein- und Mischbeständen wären: Mais, Bohnen, Gemüse oder Süßkartoffeln, Mais, Tomaten oder Mais, Reis, Süßkartoffeln. Als eine besondere Art der Fruchtwechselgestaltung im Erosionsschutz ist der Streifenanbau zu nennen (vgl. Abb.10) Der Streifenanbau wird gekennzeichnet durch den Anbau von erosionsfördernden (Mais und Süßkartoffeln) und erosionshemmenden (Getreide, Ackerfutter) Kulturen während einer Anbauperiode (DO 2004, S. 14)

Abb.10 Streifenanbau (www.smh.com.au)

4.2 Mischanbau

Unter dem Begriff Mischanbau wird der Anbau von zwei oder mehreren Früchten verstanden. Diese wachsen während einer ganzen oder während eines Teils ihrer Vegetationsperiode zusammen auf einem Feld und beeinflussen sich gegenseitig. Dies beinhaltet ebenfalls Pflanzen, die der Futtergewinnung, der Bodenbedeckung und der Gründüngung dienen. Der Mischanbau hat gegenüber der Reinkultur einen großen Vorteil. Aufgrund der dichteren und zeitlich länger ausgedehnten Vegetationsdecke wird der Boden vor Erosion und Verschlämmung bewahrt. Der Bodenschutz ist demnach bei Mischkulturen bei weitem mehr gegeben als bei Reinkulturen. Dabei setzt die Schutzwirkung schon bei 35% Flächenbedeckung ein und ist ab 70% ausgereift. Überdies wird der Schutzeffekt gemischter Kulturpflanzen durch eine hohe Biomasseproduktion, durch intensive Durchwurzelung und durch eine verringerte Bodenbearbeitung verstärkt. Zum Mischanbau gehören Kulturen wie Zitrone, Jackfrucht, Orange, Longan, Guave, Litschi, Banane, Gemüse und verschiedenste Futterpflanzen (DO 2004, S. 15).

4.3 Agroforstwirtschaft

Das agroforstliche System ist ein Mischkultursystem aus Gehölz und jährlichen Nutzpflanzen (vgl. Abb. 11). Im Prinzip führen dabei die höheren Bäume durch ihre Streu Nährstoffe in den Boden zurück. Diese können dann von den Kulturpflanzen aufgenommen werden. Begrenzungsfaktoren dabei sind Schattenwürfe der höheren Bäume und die Rivalität zwischen den Nutzpflanzen und Gehölzwurzeln um Nährstoffe und Wasser. Demgegenüber ist es bei der Agroforstwirtschaft wie auch bei anderen permanenten stockwerkartigen Anbaumethoden nicht möglich den Nährstoffverlust durch Bodenabtrag und Biomasseentnahme zu verhindern. Demnach kann auch hier nicht auf eine Düngerzugabe verzichtet werden.

Bei geneigten Ackerflächen wird ein spezielles Agrosystem bevorzugt um der Wassererosion entgegen zu wirken.

Abb.11 Agroforestry (www.socialforestry.org.vn)

Dies ist der Alleenbau bzw. der Anbau von Hecken als Abflussbarriere (alley cropping, hedgerow intercropping). Beim Alleeanbau werden Bäume oder Sträucher in Reihen aufgestellt. Die Feldkulturen werden dann in den dazwischen liegenden Alleen gepflanzt. Daraus resultiert zum einen eine verbesserte Bodenbedeckung. Durch das Schneiden von Hecken entstehen Reste, also feine Äste und Blätter, die zum Mulchen der Alleenflächen benutzt werden. Zum anderen kann der Boden durch den erhöhten Humusgehalt gut gegen Wassererosion standhalten. Des Weiteren werden durch Ablagerung und Akkumulation von Sedimenten Terrassen oberhalb der Hecken gebildet. Besonders wichtig beim Anbau von Alleen und Hecken ist, dass verschiedene Arten von Bäumen und Sträuchern gepflanzt werden um den Schaden bei einem Befall von Krankheit und Schädlingen möglichst gering zu halten. Zudem resultiert auch eine größere Breite an Nutzungsmöglichkeiten wie z.B. als Mulch, Futter, Brenn- und Bauholz, Früchte usw. (DO 2004, S. 15- 16).

4.4 Mulchen

Der Begriff Mulchen bezeichnet die Bedeckung des Bodens mit Pflanzenrückständen wie Stroh, Maisstängeln, Palmwedeln oder stehenden Stoppeln. Eine besondere Bedeutung der Mulchschicht besteht darin, dass der Oberflächenabfluss und damit der Bodentransport durch sie gebremst werden. Diese Art des Erosionsschutzes ist vor allem sicher und nicht sehr teuer. Versuchsergebnisse ergaben, dass durch einer Mulchrate von 2t/ha der Oberflächenabfluss um 60% und die Bodenerosion um 90% verringert wurden. Eine vollkommene Bodenbedeckung wird bei ca. 4-6 Tonnen Mulchmaterial pro Hektar gewährleistet. Des Weiteren kann durch den Mulch je nach Sorte auch der Ertrag gesteigert werden (DO 2004, S. 19).

5 Anbauprodukte

Die in Vietnam am meisten produzierten Agrargüter sind Nassreis, Kaffe, Kautschuk, Baumwolle, Tee, Pfeffer, Sojabohnen, Cashewnüsse, Zuckerrohr, Erdnüsse, Bananen, Geflügel, Fisch und Meeresfrüchte (www.cia.gov).
Vietnam gliedert sich nach der geografischen Lage in 8 Anbauregionen. Die bedeutendsten Anbauregionen dabei sind:

    1. südliches Mekongdelta und Delta des Roten Flusses im Norden (Reis)

    2. zentrales Hochland und der Südosten (Kaffee)

3. Nordosten und Nordwesten (Tee)

4. der Norden, Osten und Süden (Kautschuk)

5. der Norden, Osten, Süden und das Mekongdelta (Obst)

(GFA Consulting Group 2009, S. 33- 34)

5.1 Reisanbau

Für Vietnam ist Reis das bedeutendste Produkt in der Agrarwirtschaft. Gerade in den Schwemmlandregionen Vietnams ist der Nassreisanbau ein landschaftsprägendes Element (vgl. Abb.12). Auf den Reisflächen können bis zu drei Reisernten im Jahr erreicht werden (Frühling, Herbst, Winter). Dennoch sinkt die Anbaufläche seit einigen Jahren. Im Jahre 2007 baute man auf 7,2 Millionen ha Reis an. 2008 fiel die Anbaufläche auf 4,1 Mio. ha. Bezüglich der Ernährungssicherung ist man nun bestrebt die 4 Millionen ha beizubehalten. Durch die Einführung neuer qualitativ guter und ertragreicher Sorten soll die Reisproduktion bis zum Jahre 2020 auf 40 Millionen Tonnen gehalten werden. Dies gilt insbesondere für die Hauptanbaugebiete im Mekongdelta und im Roten- Fluss- Delta. Aufgrund des Flächenrückgangs im Jahre 2007 sank auch die Produktionsmenge im Vergleich zu den Vorjahren auf 35,9 Millionen Tonnen (GFA Consulting Group 2009, S. 37- 40). In   Vietnam ist Reis eines der wichtigsten Agrarexportprodukte. 4,5 Millionen Tonnen wurden im Jahre 2007 mit einem Umsatz von 1,48 Mrd. USD exportiert. Das entspricht der größten Exportmenge und dem zweitgrößten Exportumsatz, welchen das Land Vietnam im Jahre 2007 erzielte (vgl. Abb. 13) (www. faostat.fao.org). Zu den Schlüsselexportmärkten zählen die Philippinen (33%), Malaysia (10%), Kuba (8%), Indonesien (8%), Japan (3%) und Südafrika (2%) (GFA Consulting Group 2009, S. 37- 40).

5.2 Kaffeeanbau

Vor allem im zentralen Bergland Vietnams vollstreckte sich seit den 90er Jahren ein großflächiger Landnutzungswandel. Für den Anbau von (Robusta-) Kaffe- und Pfeffer wurden große Waldflächen gerodet. Aus diesem und anderen Gründen wurde die gesamte landwirtschaftliche Nutzfläche von 1992 (6697000 ha) bis 2002 (8895000 ha) um 33% vergrößert (VORLAUFER 2009, S. 119). Im Jahre 2008 betrug die Anbaufläche für Kaffee 488.000 ha. Diese verzeichnet unter Betrachtung der Fläche von 2001 mit 565.000 ha einen Rückgang um 13%. Dennoch steigen Produktivität und somit auch die Ernten jährlich um 1,1%. Das bedeutendste Anbaubaugebiet ist die Provinz Dak Lak mit einer Produktion auf einer Fläche von 178.000 ha (GFA Consulting Group 2009, S. 41). Im Jahre 2007 wurden über 1,2 Mio. t Kaffeebohnen im Wert von 1,9 Mrd. USD exportiert. Folglich ist Kaffee bzgl. seines Umsatzes das wichtigste Agrarexportprodukt Vietnams. In Hinblick auf die Exportmenge tritt der Absatz von Kaffe an dritter Stelle (vgl. Abb.14) (www.faostat.fao.org). Der bedeutendste Handelspartner ist Europa. Dieser importiert 40% des Kaffees aus Vietnam. Deutschland tritt dabei an erster Stelle. Spanien und Italien folgen mit Platz zwei und drei. Die USA importieren 9% und die asiatischen Länder etwa 8%. Mit einem Marktanteil von 43% am globalen Kaffeemarkt führt Vietnam im Export von Robusta-Kaffee (GFA Consulting Group 2009, S. 41).

5.3 Pfeffer

Vietnam ist der größte Pfefferproduzent weltweit, gefolgt von Indien und Brasilien. Heutzutage beträgt die Anbaufläche ca. 50.000 ha mit einer Produktivität von durchschnittlich 1,4 t/ha. Zu den bedeutendsten Anbauregionen zählen die Provinzen im zentralen und südöstlichen Vietnam (GFA Consulting Group 2009, S. 43-44). Der Pfeffer Vietnams hat einen Weltmarktanteil von 50%. 2007 lag das Exportvolumen mit einem Umsatz von 271 Millionen USD bei 83.000 Tonnen (vgl. Abb.14). Zu den bedeutendsten Märkten zählen die EU, insbesondere Deutschland, die USA und die asiatische Staaten (www.faostat.fao.org).

5.4 Cashew

Eine bedeutende Rolle spielt ebenfalls die Produktion und Verarbeitung von Cashewnüssen. Auf etwa 400.000 ha werden 350.000 Tonnen erwirtschaftet. Dabei kann die vietnamesische

Produktion den Bedarf der Verarbeitungsindustrie nicht decken. Folglich werden ca. 250.000 Tonnen nicht- verarbeiteter Cashew pro Jahr importiert. Aufgrund der Tatsache, dass Cashewnüsse meist extensiv angebaut werden, werden die Bäume wenig gepflegt und behandelt. Dadurch haben die Bauern oft mit Krankheiten, welche die Ernte erniedrigen, umzugehen. Dies begründet z.B. auch den Ausstieg aus dem Anbau. (GFA Consulting Group 2009, S.46) Im Jahre 2007 wurden 153.000 Tonnen Cashewnüsse exportiert. Demzufolge gilt Vietnam mit einem Exportumsatz von 653 Mio. USD als wichtigster Exporteur weltweit (vgl. Abb.14) (www.faostat.fao.org).

5.5 Kautschuk

Kautschuk wird auf einer Fläche von 512.000 ha mit einer jährlichen Produktionsmenge von 620.000 Tonnen hergesellt. Zu 60% wird dieser auf großen Plantagen angebaut (vgl. Abb. 13). Kautschuk zählt ebenfalls zu den wichtigen Exportprodukten Vietnams (GFA Consulting Group 2009, S.46). Im Jahre 2007 exportierte Vietnam ca. 247.000 Tonnen Kautschuk (vgl. Abb.14) und belegt weltweit mit einem Umsatz von 444 Mio. USD Platz vier. Mit einem Anteil an den Exporten von 60% ist China der wichtigste Exportmarkt (www.faostat.fao.org).

Abb. 12 Kautschukplantage (www.umdiewelt.de)

5.6 Maniok

Eine bedeutende Rolle spielt ebenfalls der Anbau und Export von Maniok (Cassava). Mit einer Exportmenge von 1.316.557 Tonnen stand im Jahre 2007 die Ausfuhr von Maniok an zweiter Stelle. Allerdings wurde im Vergleich zu anderen Exportgütern wie Kaffe und Kautschuk ein geringer Umsatz in Höhe von 166 Mio. USD erzielt (Abb.14) (www.faostat.fao.org).

5.7 Tee

Der Anbau von Tee erfolgt auf einer Fläche von 123.000 ha. Die Produktionsmenge von frischen Tee beträgt 600.00 Tonnen. Dies entspricht einer Menge von 140.000 Tonnen getrockneten Tee. Auch bei der Produktion und dem Export von Tee rangiert Vietnam unter den Top 5 (GFA Consulting Group 2009, S.46). Im Jahre 2007 wurden 114.000 Tonnen mit einem Umsatz von ca. 130 Mio. USD exportiert (vgl. Abb.14) (www.faostat.fao.org).

5.8 Zuckerrohr

Der Anbau von Zuckerrohr erfolgt auf einer Fläche von ca. 290.000 ha mit einer Produktion von 1,28 Mio. Tonnen. Große Zuckerrohrmengen werden aber auch umfangreich importiert. Vietnam hat sich des weitern mit illegalen Zuckerimporten auseinanderzusetzen, die zur Senkung der Nachfrage nach einheimischen Zucker führen (GFA Consulting Group 2009, S.46- 47). 2007 wurden ca. 17000 Tonnen Zuckerrohr mit einem Umsatz von 6 Mio. USD exportiert (vgl. Abb.14) (www.faostat.fao.org).

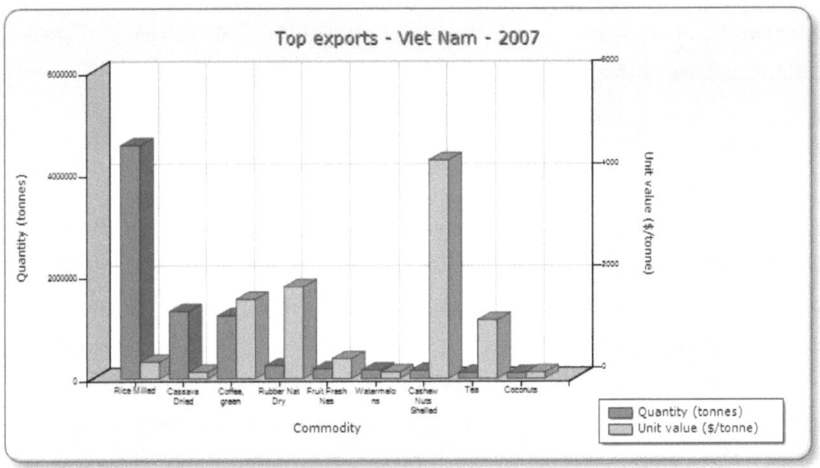

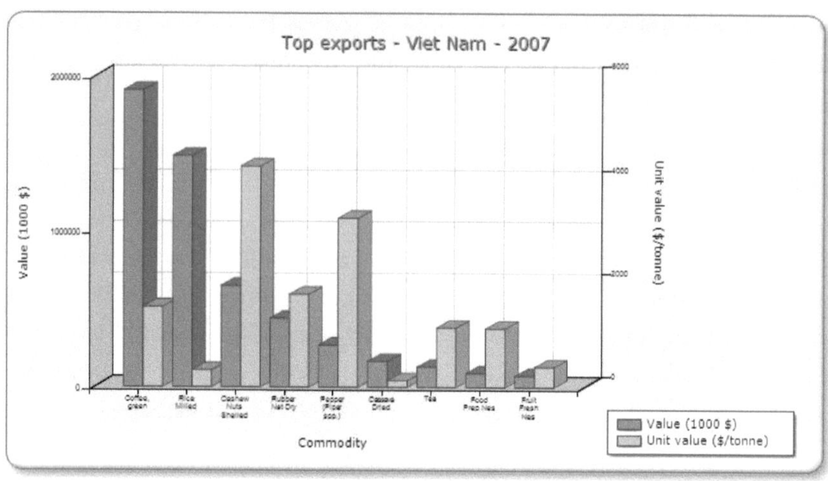

Abb.13 Exporte nach Quantität und Umsatz

5.8 Obst- und Gemüse

Der Anbau von Obst erfolgte im Jahr 2006 mit einem Produktionsvolumen von etwa 2.72 Mio. Tonnen auf 774.000 ha. Bedeutende Anbaugebiete liegen im Mekongdelta, im Nord- und Südosten Vietnams. Die Anbaufläche für Gemüse lag 2007 bei 658.000 ha mit einer Menge von 12 Mio. t. Hierbei wird vor allem für den Inlandsmarkt produziert. Dennoch zählen Obst und Gemüse mit einem Exportumsatz von 300 Mio. USD im Jahre 2007 zu den bedeutenden Exportprodukten Vietnams (GFA Consulting Group 2009, S.47).

5.9 Tierproduktion

Bezüglich der Tierproduktion ist Vietnam mit folgenden Problemen konfrontiert. Zunächst kann hier die Nachfrage nach Fleisch nicht gedeckt werden. In Vietnam werden jährlich 3,134 Mio. Tonnen Fleisch (Lebendgewicht) hergestellt, darunter 2,55 Mio. Tonnen Schweinefleisch (80% des gesamten Gewichts). Durch die inländische Produktion werden 45% der Nachfrage nach Fleisch gedeckt. Beim Fleischimport handelt es sich um Tiefkühlware, welche meist über große Produktions- und Importunternehmen ins Land gelangen. Für Vietnam ist demnach der Fortschritt und Aufbau in der Tierhaltung und Fleischproduktion ein wichtiges Ziel. In der Abb.15 wird allein deutlich wie simpel und rückständig der Transport von Schweinen abgewickelt wird. Des Weiteren sind die

Futtermittel für die bestehende Produktion knapp, wodurch Futtermittelimport und Futtermittelzusätze erforderlich werden und auch stetig steigen. Vietnam produziert etwa 70% der Rohstoffe für Futtermittel selbst. Demnach müssen 30% importiert werden. Auch bei der Milchproduktion kann die Nachfrage nach Milch nicht gedeckt werden. Der Milchkuhbestand beträgt derzeit 130.000. Folglich werden 80% der Milch importiert. Die Nachfrage wird darüber hinaus auch über Milchpulver abdeckt (GFA Consulting Group 2009, S.48-50).

6 Fazit

Die Landwirtschaft nimmt in Vietnam seit vielen Jahrhunderten eine bedeutende Stellung ein. Trotz des stetigen Wachstums des Industriesektors und des Eintritts Vietnams in den globalen Markt, kann die Landwirtschaft Vietnams mit einem Anteil am BIP von 22 % nicht in den Hintergrund gestellt werden. Dies wird zum einen in der Flächennutzung deutlich. 20,14% der gesamten Fläche Vietnams dient als Ackerland bzw. als landwirtschaftlich genutzte Fläche. Demnach werden auf diesem Teil Anbaupflanzen wie Getreide und Reis erwirtschaftet, welche nach jeder Ernte wieder neu eingesetzt werden. Auf 6,93% werden Dauerkulturen angebaut. Demzufolge wird das Land mit Pflanzen wie Kaffee und Kautschuk sowie mit Bäumen für den Holzgewinn kultiviert. Ebenfalls wir die Bedeutung der Landwirtschaft im prozentualen Anteil der erwerbstätigen Bevölkerung deutlich. 55,6%, also mehr als die Hälfte der Beschäftigten sind in der Landwirtschaft tätig. Vergleichsweise werden in Deutschland nur 2,4% der Erwerbstätigen in der Landwirtschaft beschäftigt. Um weiterhin der Landwirtschaft Vietnams eine große Bedeutung zukommen zu lassen, werden auch zukünftig die Bodennutzungssysteme ausgebessert, wobei die Aufgabe des Erosionsschutzes immer mehr in den Vordergrund rückt. Bewässerungssysteme, die einst nur zur Bewässerung der Felder dienten, zeigen nun auch Nutzen im Bereich der Energiegewinnung.

Literaturverzeichnis

DO, Thi-Lan (2004): Erhaltung der Bodenfruchtbarkeit unter Anwendung angepasster Anbausysteme in Bergregionen Vietnams. Shaker Verlag. Aachen

GFA Consulting Group (2009): Agrar- und Ernährungswirtschaft in Vietnam. Sektorüberblick Märkte und Investitionsbedingungen. Bonn

VORLAUFER, Karl (2009): Südostasien. Wissenschaftliche Buchgesellschaft. Darmstadt

Internetquellen:

https://www.cia.gov/library/publications/the-world-factbook/geos/vm.html
(eingesehen am 15.08.2009)

http://faostat.fao.org/desktopdefault.aspx?pageid=342&lang=en&country=237
(eingesehen am 15.08.2009)

http://www2.gtz.de/dokumente/AKZ/deu/AKZ_2003_2/vietnam.pdf
(eingesehen am 17.08.2009)

http://www.gtz.de/de/dokumente/en-climate-adaptation-vietnam.pdf
(eingesehen am 16.08.2009)

http://www.projektxchange.at/data/mediapdf/49f180722c16b.pdf
(eingesehen am 14.08.2009)

http://www.vdf.org.vn/workingpapers/vdfwp0903.pdf
(eingesehen am 18.08.2009)